# BEI GRIN MACHT SICH IHR WISSEN BEZAHLT

- Wir veröffentlichen Ihre Hausarbeit,
  Bachelor- und Masterarbeit

- Ihr eigenes eBook und Buch -
  weltweit in allen wichtigen Shops

- Verdienen Sie an jedem Verkauf

Jetzt bei www.GRIN.com hochladen
und kostenlos publizieren

# Protokoll zur Boden- und Tierökologie

## Zusammenhang zwischen Bodenparametern und gemittelten Ellenberg-Zeigerwerten / Folgen regelmäßigen Mähens auf die Insekten-Biodiversität

Leyla Beyer

**Bibliografische Information der Deutschen Nationalbibliothek:**

Die Deutsche Nationalbibliothek verzeichnet diese Publikation in der Deutschen Nationalbibliografie; detaillierte bibliografische Daten sind im Internet über http://dnb.d-nb.de abrufbar.

ISBN: 9783346801531
Dieses Buch ist auch als E-Book erhältlich.

# <u>Protokoll zur Boden- und Tierökologie</u>

April 2021

Leyla Beyer

Modul „Organismische Biologie"

Inhaltsverzeichnis

# 1. Einleitung

*1.1 Bodenökologie*

Pflanzen benötigen gewisse Lebensgrundlagen wie Wasser und diverse Nährstoffe aus der Erde und wählen Ihr Habitat ihren Toleranzen und Präferenzen entsprechend aus. So gebührt der Bodenbeschaffenheit mit seinen abiotischen Umweltfaktoren große Relevanz. Indikatorarten, die bestimmte ökologische Parameter anzeigen, sind systematisch erfasst, um am Beispiel höherer Pflanzen Rückschlüsse auf die Zusammensetzung derer Standorte und Konkurrenz mit anderen Arten ziehen zu können. Ellenberg charakterisiert Pflanzen durch bestimmte Feuchtestufen, Licht- und Nährstoffverhältnisse usw. Es ist allerdings nicht zu verwechseln: „Auf keinen Fall bezeichnen meine Zeigerwerte die „Ansprüche" an den betreffenden Umweltfaktor." (Ellenberg et al. 1992). Ausgehend von diesem Forschungsansatz ist es Ziel des Bodenökologie-Teils dieser Arbeit, zu analysieren, ob ein Zusammenhang zwischen gemessenen Bodenparametern und gemittelten Ellenberg-Zeigerwerten besteht. Eine Bestandsaufnahme der Flora sowie die Erhebung diverser Bodenparameter wurden auf einem Feldgebiet am Albrecht-Thaer-Weg 6 in Berlin im Frühjahr 2021 durchgeführt, um im Anschluss Korrelationen dieser Daten statistisch auszuwerten. Dabei standen folgende Hypothesen im Mittelpunkt des Interesses: 1) Es besteht eine positive Korrelation zwischen Reaktionszahl (Vorkommen in Abhängigkeit von sauren bis zu alkalischen Böden) und Feuchtezahl (Vorkommen hinsichtlich der Bodenfeuchte). 2) Boden mit hoher Wasserhaltekapazität (Fähigkeit des Bodens Wasser aufzunehmen) wird von Pflanzen bevorzugt, die eine höhere Feuchtezahl-Präferenz aufzeigen. Dies wird überprüft, weil theoretisch zu erwarten wäre, dass Pflanzen, die feuchte Böden bevorzugen, sich in Böden ansiedeln, die ein großes Wasser-Reservoir-Potential haben. 3) Die Stickstoffzahl und Reaktionszahl korrelieren positiv miteinander. Diese Vermutung liegt der Information zu Grunde, dass Nitrat einen pH-Anstieg bewirkt (Hortipendium, o.J.).

Landtransformationen sind ein unausweichlicher Effekt von hohem anthropogenem Aufkommen und können gravierende Auswirkungen auf das entsprechende Ökosystem haben. So wird zum Beispiel das Pflegen von Rasenflächen weltweit aus primär ästhetischen Interessen praktiziert, obwohl ökologisches Wissen belegt, dass diese Art Störung natürlicher Habitate verheerend für die Biodiversität vorherrschender Arten ist. Neben Degradation, Klimawandel und Pestiziden zählt der Habitats-Verlust zu den einschneidendsten Einflussfaktoren des Insekten-Diversitäts-Verlustes (Deutsch et al., 2008; Sánchez-Bayo & Wyckhuys, 2019). Verluste der Insekten-Diversität in der allgemeinen vom Menschen verwalteten Umwelt sind bereits in reichlicher Forschungsliteratur datiert (Smith & Fellowes, 2015). So erwarten wir Resultate zu finden, die dieses Phänomen in urbanen Wiesenfeldern reflektieren. Die vorliegende Arbeit präsentiert die Ergebnisse einer Untersuchung zur Ökologie eines Feldgebietes und dessen Umweltbelastung durch regelmäßiges Mähen. Konkret wurden im benachbarten Feldgebiet des Bodenökologieversuchs zwei Versuche durchgeführt, um die Auswirkungen des Mähens auf die Insekten-Biodiversität zu analysieren. Zum einen wurde die Barberfallen- und Kescher-Fangmethode an einer gemähten und zur Kontrolle an einer ungemähten Wiese angewandt und anschließend auf Diversitätsindices untersucht sowie verglichen. Die Untersuchungen liegen der Hypothese zugrunde, dass Störungen, wie das regelmäßige Mähen von Wiesen, die Biodiversität der vorherrschenden Insekten verringert. Es ist zu erwarten, dass das gestörte Habitat einen Rückgang in der Artenvielfalt, Art-Abundanz und Artverteilung widerspiegelt. Wohingegen erwartungsgemäß das ungestörte, natürliche Habitat deutlich positivere Werte aufzeigt. Die Relevanz dieser Forschungsfrage liegt darin begründet, dass eine hohe Insekten-Diversität mit ihren einhergehenden Funktionen, wie Bestäubung, natürliche Schädlingsbekämpfung, Kompostierung und allgemeine trophische Regulationen, eine vitale Rolle beim Aufrechterhalten eines intakten Ökosystems spielt (Baldock et al., 2015). Im Umkehrschluss stellt ein Verlust der Insekten-Diversität eine ernstzunehmende Bedrohung für Ökosysteme dar.

## 2. Material & Methoden

*2.1 Versuchsaufbau Bodenökologie*

In dem ersten Versuch wurde eine Bodenanalyse auf diverse im folgenden genauer beschriebene Parameter unternommen. Hierbei wurde zunächst ein Beprobungspunkt in einem 20 cm Quadrat ausgewählt. Kriterien des Beprobungspunktes waren die Bedeckung mit höheren und krautigen Pflanzen in leicht beschatteter Umgebung.

- Am Beprobungspunkt wurde die prozentuale **Pflanzendeckung** der höheren Pflanzen abgeschätzt, wobei zum Beispiel Moose aufgrund ihres geringen Produktivitätsbeitrages ausgeschlossen werden.
- Die **Artenzahl** höherer Pflanzenarten im Beprobungspunkt wurde bestimmt, indem visuell unterscheidbare Individuen gezählt wurden. Auch hier sind Moose aus der Datenaufnahme ausgeschlossen.
- Mit Hilfe der Applikation „plantnet" wurden vier **Pflanzenarten** aus dem Beprobungspunkt identifiziert.
- Die **Pflanzentraits,** konkret zum einen die **Grime-Strategietypen** der vier identifizierten Pflanzenarten wurden aus der „BioFlor"-Datenbank und zum anderen die **Ellenberg-Zeigerwerte** aus der „Floraweb"-Datenbank entnommen. Datiert wurden folgende Zeigerwerte: a) Lichtzahl, b) Temperaturzahl, c) Feuchtezahl, d) Reaktionszahl und e) Stickstoffzahl. Die Ergebnisse der vier Pflanzen wurden pro Zeigerwert (a-e) zu einem Mittleren Ellenberg-Zeigerwert verrechnet. Indifferente Ergebnisse wurden dabei nicht mitgezählt.
- Zur Bestimmung der **Lichtstärke** am Beprobungsort wurde die „Light Meter – Free"-Applikation genutzt. Gemessen wurde dreimal im Abstand von 10 Minuten, auf Pflanzenhöhe mit der Kamera zum Himmel gerichtet.

Für die Ermittlung weiterer Parameter wurden im nächsten Schritt aus der Mitte des 20 cm Quadrats mit einer Schaufel zwei Handvoll Erde entnommen und oberflächlich von Wurzeln befreit.

- Um den **pH-Wert** der Bodenprobe zu bestimmen, wurde ein kleiner Plastikmessbecher randvoll mit der ausgehobenen Erde gefüllt. Dessen Inhalt wurde in einen Becher mit 10 mM CaCl2 hinzugefügt und ausgiebig geschüttelt, sodass die Probe sich löst. Mit einem Kaffeefilter wurde das Filtrat der Lösung extrahiert, worin der pH-Teststreifen angewendet wurde. Es wurden zwei pH-Teststreifen für 3 s eingetaucht, die zusammen eine pH-Messweite von 5,2 bis 8,1 ermöglichen.

- Für die Bestimmung des **Nitrat-Gehaltes** wurde ein kleiner Plastikmessbecher dreimal randvoll mit der zuvor ausgehobenen Erde gefüllt und in einen Becher mit destilliertem Wasser durchs gründliche Schütteln gelöst. Auch in dieser Probe wurde mit einem Kaffeefilter die Lösung gefiltert, bis ausreichend Filtrat besteht, um einen Nitrat-Teststreifen 1 s lang einzutauchen. Die Farbausprägung des außenliegenden Messfelds wurde exakt nach einer Minute mit der Nitratgehalt-Farbskala verglichen und daraus der Nitratgehalt interpretiert.

- Der letzte Teilversuch galt der Bestimmung der **Wasserhaltekapazität** des untersuchten Bodens. Ein Teil der zuvor ausgehobenen Erde wurde indoor auf einem Blech 2 Tage lang zum Trocknen ausgebreitet und eventuelle Krümel zerbröselt. Diese Erde wurde in einen Messbecher mit zwei Ablauflöchern in der Unterseite gefüllt und auf einem Deckel platziert. Mit einer Messpipette wurde schrittweise 1 ml Wasser in die Bodenprobe getropft, bis die maximale Wasserhaltekapazität der Bodenprobe erreicht wurde und das Wasser aus den Ablauflöchern in den Deckel ausfloss. Nach 10 Minuten wurde die Menge des ausgetretenen Wassers mit einer Messpipette gemessen. Die Menge des hinzugegebenen Wassers subtrahiert mit der Menge des Austrittwassers ergibt die Wasserhaltekapazität in ml pro ml Boden.


## 2.2 Datenanalyse Bodenökologie

Alle erhobenen Daten zu den entsprechenden Parametern wurden in eine Tabelle eingetragen. Ob die Werte der Parameter in Beziehung zueinanderstehen, wurde mit dem Programm „R Studios" errechnet. Die aufgestellten Hypothesen zu Korrelationen zwischen verschiedenen Parametern wurden durch Berechnung derer Korrelationskoeffizienten (cor) überprüft. Korrelationen wurden in einem Streudiagramm visualisiert. Die Signifikanz der Korrelation wurde mit dem P-Wert berechnet.

*2.3 Versuchsaufbau Tierökologie: Bodenfallen*

Forschungsgegenstand des zweiten Freilandversuchs ist die Biodiversität der Insekten auf dem untersuchten Feld. Mithilfe von Barberfallen konnten über einen Zeitraum von einer Woche Insekten, die das entsprechende Ökosystem besiedeln, gefangen werden.

Die erste Barberfalle wurde auf einer natürlichen Wiese an einer ungestörten Bodenproben-Stelle platziert. Die zweite Barberfalle hingegen wurde in einer durch Umgrabungen gestörten Bodenprobe-Stelle lokalisiert.

Mit einem Bodenbohrer wurde ein Stück Erde aus der Probestelle entnommen, um in das entstandene Loch ein Gläschen einzusetzen. Das Gläschen wurde mit einer 50 ml Fangflüssigkeit gefüllt. Bestandteile der Flüssigkeit waren Ethanol (zur Konservierung der Insekten), Ethylenglucol (verhindert das Verdampfen von Ethanol), Zucker (Lockstoff für die Insekten) und Exylresorzyn (verhindert die Entfärbung der Insekten durch das Ethanol). Zu der Fangflüssigkeit wurde ein Tropfen Spülmittel hinzugefügt, um die Oberflächenspannung aufzulösen, sodass die Insekten in die Flüssigkeit absanken und dort fixiert werden konnten. Die Bodenfalle wurde mit einem grobmaschigen Gitter abgedeckt. So sollten ausschließlich Insekten reinfallen. Diverse Fremdstoffe und unerwünschte Klein-Vertebraten sollten hingegen vor dem Reinfallen geschützt werden. Das eingelassene Gläschen und das Gitter wurden barrierefrei platziert und möglichst natürlich in die umgebende Erde eingegliedert. Zusätzlich wurde oberhalb der Bodenfalle eine Dachkonstruktion angebracht, um in erster Linie eine Verdünnung oder Überschwemmung der Fangflüssigkeit und den damit einhergehenden Verlust der Probe zu verhindern.

Die gefangenen Insekten-Individuen von jeweils der ungestörten und gestörten Probestelle wurden separat ausgewertet und in einer Ergebnistabelle datiert. Nachdem die Individuen einer Art sortiert wurden, konnte die Anzahl der Individuen pro Art quantifiziert werden. Zur Bestimmung und taxonomischen Klassifizierung der vorliegenden Arten wurde die Bestimmungsliteratur „Exkursionsfauna von Deutschland" des Stresemann-Verlages benutzt. Die Resultate wurden mit der Datenbank „DigiTiB" überprüft. Eine Ausnahme stellte die Ordnung der *Collembola* dar, die keine *Insecta* sind und daher mit alternativen Quellen bestimmt wurden.

*2.4 Versuchsaufbau Tierökologie: Keschern*

Der Kescher-Versuch wurde ebenfalls in zwei unterschiedlichen Habitaten durchgeführt: Habitat 1 wurde mindestens einmal die Woche gemäht, welches die Störung in unserem Versuch darstellt. Bei Habitat 2 handelte es sich um ein ungestörtes Feld, auf dem Pflanzen frei und wild wachsen. Es wurde in beiden Habitaten ein Kescher der gleichen Größe verwendet, sodass in Relation eine gleiche Menge an Insekten gefangen wurde. Es wurde zwischen den Habitaten ein Transekt von 10 m Länge abgesteckt. Auf der einen Seite befand sich das ungestörte und auf der anderen das gestörte Feld. An diesem Transekt wurde auf beiden Seiten entlang gekeschert. Hierbei wurde ein konstantes Kescher-Schema beibehalten, pro 10 m wurden 10 Kescherschläge durchgeführt. Dieser Durchgang wurde fünf Mal pro Habitat wiederholt. Zwischen den Durchgängen wurde stets eine fünfminütige Regenerationszeit praktiziert. Die gefangenen Insekten wurden in einem Zipper-Beutel eingefroren und abgetötet, um sie im Anschluss bestimmen zu können.

Die gefangenen Insekten-Individuen der ungestörten und gestörten Probestelle wurden separat bestimmt, quantifiziert und in einer Ergebnistabelle datiert. Zur Bestimmung wurde erneut die Bestimmungsliteratur „Exkursionsfauna von Deutschland" des Stresemann-Verlags und die Datenbank „DigiTiB" genutzt.


*2.5 Datenanalyse Tierökologie: Diversitätsindices*

Die Diversitätsindices wurden getrennt für die gestörte und ungestörte Barberprobe sowie die gestörte und ungestörte Kescherprobe berechnet und konnten so miteinander verglichen werden.

Die vier verschiedenen Standorte wurden mithilfe des Shannon-Indexes (HS) auf die Vielfalt der Arten untersucht. Die Berechnung erfolgte durch die Summierung des relativen Anteils aller Taxa an der Gesamtheit (pi) multipliziert mit dem Logarithmus dieses relativen Anteils. Das Ergebnis wurde mit -1 multipliziert, um einen positiven Wert zu erhalten. Die Formel lautet: HS = -$\sum$ (pi * log pi). Des Weiteren wurde die Evenness (E), das Maß für die Gleichverteilung der Individuenzahl über die Arten, berechnet. Dieser wurde berechnet, indem der Shannon-Index durch den Logarithmus der Artenzahl (S) dividiert wird, E=Hs/ln S. Im nächsten Schritt wurde der Jaccard-Index von jeweils der Bodenfallenproben und Kescher-Proben bestimmt. Dabei wird die Ähnlichkeit bezüglich der Artenzusammensetzung des gestörten und nicht gestörten Habitats verglichen. Um den Jaccard-Index (C) zweier Mengen zu berechnen, teilt man die Anzahl der gemeinsamen Arten (a) durch die Summe der Anzahl der gemeinsamen Arten (a), Anzahl an Arten, die nur im Habitat 1 vorkommen (b), addiert mit den Arten, die nur in dem Habitat 2 vorkommen (c). Die Formel lautet: C= a/[a+b+c].

Des Weiteren wurden die Dominanzklassen der gefangenen Insektenarten bestimmt. Die Dominanzklasse gibt Auskunft über den prozentualen Anteil von Individuen einer Art an der Gesamt-Individuenzahl an. Berechnet wurde die Dominanz, indem die Individuenzahl einer Art mit hundert multipliziert und durch die Gesamt-Individuenzahl aller Arten je Habitat dividiert wurde.

# 3 Ergebnisse

## 3.1 Bodenökologie-Analyse

Für die Darstellung und spätere Auswertung der Ergebnisse wurden die Rohdaten des gesamten Kurses genutzt. Somit ist der Probeumfang höher und Schwankungen können detektiert werden, was wiederum repräsentativere und verlässlichere Ergebnisse versichert.

**Ergebnis zu Hypothese 1:**

Die Datenanalyse ergab, dass die Parameter *Reaktionszahl und Feuchtezahl* positiv korrelieren. In Abbildung 1 ist zu erkennen, dass Pflanzen, die tendenziell niedrige Feuchtezahlen haben, ebenso über niedrigere Reaktionszahlen verfügen. Die Werte der Reaktionszahl bei Pflanzen mit einer hohen Feuchtezahl akkumulieren sich entsprechend höher in der Achse. Diesen Trend bestätigt ebenfalls der statistisch errechnete Korrelationskoeffizient cor 0,49 und der P-Wert 0,0005.

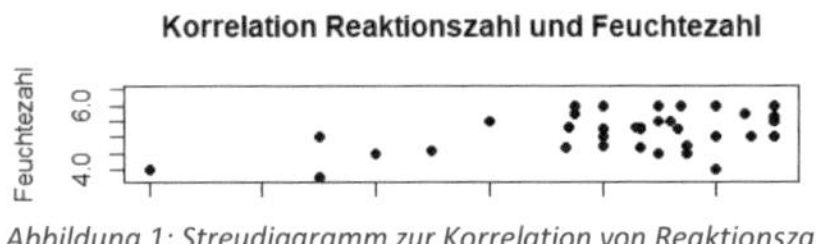


*Abbildung 1: Streudiagramm zur Korrelation von Reaktionszahl (x-Achse) und Feuchtezahl (y-Achse)*

Der Korrelationskoeffizient gibt an, wie sehr die zwei untersuchten Parameter-Werte voneinander abhängig sind. Der positive cor-Wert indiziert eine positive Korrelation. Der P-Wert ist unter dem

Signifikanzniveau und beweist somit, dass zwischen der Reaktionszahl und Feuchtezahl von Pflanzen eine stabile und signifikante Korrelation vorliegt.

**Ergebnis zu Hypothese 2:**

Die statistische Auswertung der Parameter *Wasserhaltekapazität* und *Feuchtezahl* zeigt, dass keine Korrelation dieser vorliegt. In Abbildung 2 ist zu sehen, dass die Punkte keiner typischen Modellbeziehung folgen und randomisiert wirken. So bestätigt auch der cor-Wert von -0.07, dass die Parameterwerte voneinander unabhängig sind. Der P-Wert von 0,65 widerlegt eine Signifikanz der Korrelation.

*Abbildung 2: Streudiagramm zur Korrelation von Wasserhaltekapazität (x-Achse) und Feuchtezahl (y-Achse)*

**Ergebnis zu Hypothese 3:**

Die Datenanalyse ergab, dass die Parameter *Stickstoffzahl* und *Reaktionszahl* positiv, jedoch nicht stark miteinander korrelieren. In Abbildung 3 ist zu erkennen, dass die Werte der Stickstoffzahlen bei Pflanzen mit einer hohen Reaktionszahl höher in der Achse akkumulieren. Eine stark linear positive Beziehung ist jedoch nicht eindeutig ersichtlich. Der statistisch errechnete Korrelationskoeffizient cor 0,25 bestätigt, dass keine starke Korrelation vorliegt und diese mit einem P-Wert von 0,09 nur fast signifikant ist.

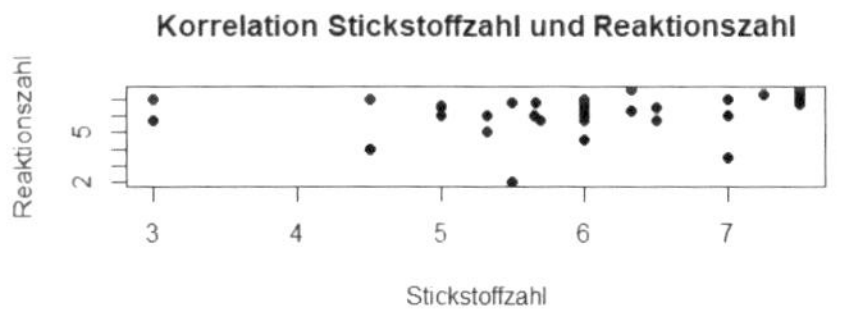


*Abbildung 3: Streudiagramm zur Korrelation von Stickstoffzahl (x-Achse) und Reaktionsezahl (y-Achse)*

*3.2 Tierökologie: Bodenfallen*

Mit den Barberfallen wurden in dem ungestörten Habitat insgesamt 20 verschiedene Insektenarten und eine Art der Ordnung der *Collembola* gefangen. In dem gestörten Habitat wurden 10 verschiedene Arten der *Insekta* und erneut eine Art der *Collembola* verzeichnet.Folgende fünf Arten sind im ungestörten Habitat am häufigsten vorgekommen: Es wurden 19 Individuen der *Collembola* gefangen, welche fast 23 % des Fangs ausmacht und somit die dominanteste Art darstellt. Die *Lasius brunneus* ist mit 10 Individuen sowie die Art *Acyrthosiphon pisum* mit 9 Individuen ebenfalls dominant in diesem Habitat. Die Art *Myrmica rubra* und die Art *Nononecta glauca* sind mit einer Anzahl von 7 und 6 subdominant in ihrem Vorkommen (Tabelle 1).

*Tabelle 1: Anzahl der fünf am häufigsten mit der Barberfalle gefangenen Arten im gestörten und nicht gestörten Habitat und Dominanzklasse*

| Habitat | Ordnung | Familie | Gattung | Art | Anzahl Individuen | Dominanz in % | Dominanzklasse |
|---|---|---|---|---|---|---|---|
| ungestört | Collembolas | | | | 19 | 22,8912 | dominant |
| | Hymenopetera | Formicidae | Lasius | Lasius brunneus/ l | 10 | 12,04819277 | dominant |
| | Sternorrhyncha | Aphididae | Acyrthosiphon | Acyrthosiphon pis | 9 | 10,84337349 | dominant |
| | Hymenoptera | Formicidae | Myrmica | Myrmica rubra (F | 7 | 8,43373494 | subdominant |
| | Hemiptera | Notonectidae | Notonecta | Notonecta glauca | 6 | 7,228915663 | subdominant |
| gestört | Collembolas | | | | 65 | 81,25 | eudominant |
| | Coleoptera | Chrysomelidae | Leptinotarsa | Leptinotarsa dece | 3 | 3,75 | subdomninant |
| | Heteroptera | Pyrrhocoridae | Pyrrhocoris | Pyrrhocoris apter( | 2 | 2,5 | rezedent |
| | Coleoptera | Carabidae | Carabus | Carabus intricatus | 2 | 2,5 | rezedent |
| | Hymenoptera | Formicidae | Formica | Formica polyctena | 2 | 2,5 | rezedent |

Auch in dem gestörten Habitat sind die *Collembola* die vorherrschende Ordnung. Mit 65 Individuen macht sie 81% der Gesamt-Individuenzahl aus und ist eine eudominante Hauptart. *Leptinotarsa decemlineata* stellen mit 3 Individuen eine in dem Habitat subdominante Art dar. Der *Phyrrhocoris apterus* und der *Carabus intricatus* sowie die *Formica polyctena* sind in diesem Habitat rezendente Arten, lediglich jeweils zwei Individuen wurden gezählt (Tabelle 1).


*3.3 Tierökologie: Keschern*

Mit der Fangmethode Keschern wurden insgesamt 16 Insektenarten im ungestörten und 8 Arten im gestörten Habitat gefangen. Im ungestörten Bereich sind die Arten *Vespula germanica* mit 10, *Rhagio scolopaceus* mit 9 und *Stomoxys calcitrans* mit 7 Individuen dominant in ihrer Anzahl. *Epsyrphus balteatus* mit 6 und *Araschnia levana* mit 4 Individuen sind subdominante Arten (Tabelle 2).

*Tabelle 2: Anzahl der fünf am häufigsten mit dem Kescher gefangenen Arten im gestörten und nicht gestörten Habitat und Dominanzklasse*

| Habitat | Ordnung | Familie | Gattung | Art | Anzahl Individuen | Dominanz in % | Dominanzklasse |
|---|---|---|---|---|---|---|---|
| ungestört | Hymenoptera | Vespidae | Vespula | germanica | 10 | 16,13 | dominant |
| | Diptera | Rhagionidae | Rhagio | scolopaceus | 9 | 14,52 | dominant |
| | Diptera | Muscidae | Stomoxys | calcitrans | 7 | 11,29 | dominant |
| | Diptera | Syrphidae | Episyrphus | balteatus | 6 | 9,68 | subdominant |
| | Lepidoptera | Nymphalidae | Araschnia | levana | 4 | 6,45 | subdominant |
| gestört | Diptera | Muscidae | Stomoxys | calcitrans | 12 | 40,00 | eudominant |
| | Diptera | Rhagionidae | Rhagio | scolopaceus | 5 | 16,67 | dominant |
| | Hymenoptera | Vespidae | Vespula | germanica | 3 | 10,00 | dominant |
| | Coleoptera | Carabidae | Carabus | auratus | 3 | 10,00 | dominant |
| | Caelifera | Acrididae | Arcyptera | fusca | 3 | 10,00 | dominant |

Im gestörten Habitat sind 12 Individuen der Art *Stomoxys calcitrans* gefunden worden. Sie macht 40 % der Gesamt-Individuenzahl aus und ist somit eudominant. Weitere dominante Arten sind *Rhagio scolopaceus, Vespula germanica, Carabus auratus und Arcypetra fusca (Tabelle 2)*.

## 3.4 Tierökologie: Diversitätsindices

Die biologische Vielfalt eines Areals ist am höchsten, wenn die Artenzahl hoch ist und jedes vorkommende Taxon mit gleicher Häufigkeit auftritt. Wenn allerdings wenige Arten dominieren, verringert sich der Wert des Indexes. Die Bodenproben des ungestörten Habitats ergaben eine Alpha-Diversität (Shannon Index) von 2,5. Analysen des gestörten Habitats ergaben eine Alpha-Diversität von 0,89. Die Evenness-Werte können zwischen 0 und 1 liegen, 1 ist dabei die maximale Gleichverteilung der Individuenzahl über die Arten. Die Evenness im ungestörten Habitat der Bodenproben beträgt 0,86 und im gestörten Habitat 0,37. Auch die Beta-Diversität (Jaccard-Index) bewegt sich im Wertebereich von 0 und 1. Der Wert 1 datiert komplette Ähnlichkeit zwischen den verglichenen Habitaten. Die Berechnungen ergaben, dass die ungestörten und gestörten Bodenproben eine Ähnlichkeit von 0,3 bezüglich der Artenzusammensetzung aufweisen (Tabelle 3).

*Tabelle 3: Alpha-Diversität, Evenness, Beta-Diversität zu Boden- und Kescherproben gestört vs. ungestört*

| | Bodenproben | | Kescherproben | |
|---|---|---|---|---|
| | ungestört | gestört | ungestört | gestört |
| **Alpha-Diversität** | 2,52 | 0,90 | 2,52 | 1,76 |
| **Evenness** | 0,86 | 0,37 | 0,91 | 0,85 |
| **Beta-Diversität** | 0,30 | | 0,33 | |

Die Analyse der Kescherproben ergaben einen Alpha-Diversitätswert von 2,52 im ungestörten Habitat und 1,76 im gestörten Habitat. Der Evenness-Wert beträgt 0,91 im ungestörten und 0,85 im gestörten Habitat. Die zwei beprobten Habitate weisen eine Beta-Diversität von 0,33 auf (Tabelle 3).

# 4 Diskussion

*4.1 Bodenökologie: Korrelation der Bodenparameter*

Die Korrelationen der untersuchten Bodenparameter zur ersten Hypothese verhielten sich tendenziell wie erwartet. An Probestellen mit hoher Reaktionszahl ist in der Regel signifikant eine hohe Feuchtezahl nach Ellenberg zu finden und umgekehrt. Das liegt darin begründet, dass in niederschlagsreichen Gebieten ein erheblicher Teil von Ionen im Bodenprofil nach unten verlagert und ausgewaschen wird (Natur erforschen, o.J.). Je niedriger die Ionenkonzentration, desto basischer, also erhöht in der Reaktionszahl, ist der Boden. Die zweite Hypothese zur Korrelation zwischen der Wasserhaltekapazität und der Feuchtezahl hat sich nicht signifikant bestätigt. Dass keine aussagekräftigen Resultate gezogen werden konnten, kann an der Untersuchungsmethodik kritisiert werden. Die in dem Untersuchungsgebiet datierten Wasserhaltekapazitäten sind relativ gleichbleibend. Die minimalen Unterschiede sind nicht ausreichend, um eine große Varianz an Feuchtezahlen anzuziehen, um signifikant urteilen zu können, ob eine Korrelation zwischen den beiden Parametern vorliegt. Hypothese drei konnte ebenso nicht bestätigt werden. Stickstoffzahl und Reaktionszahl ergaben keine auffällige Korrelation. Nitrat bewirkt zwar einen Anstieg des PH-Wertes (Hortipendium, o.J.), allerdings muss an dem hier verfolgten Ansatz kritisiert werden, dass der PH-Wert nicht der Reaktionszahl von Pflanzen entspricht. Um diesen Zusammenhang im Kontext unserer Bodenparameter zu überprüfen, hätte die Korrelation zwischen dem PH-Wert und der Stickstoffzahl analysiert werden müssen.

*4.2 Tierökologie: Gefangene Insekten*

Auf dem untersuchten Feld wurde eine reiche Abundanz an *Collembola* gefangen. *Collembola* gehören taxonomisch zu den Arthropoden und sind in vieler Hinsicht ähnlich zu den *Insecta*. Sie sind Detritivoren und spielen somit eine essenzielle Rolle im Kompostieren von abgestorbenem organischem Material dieses Habitates (Greenslade et al, 2007). *Collembola* treten in den verschiedensten Habitaten auf, woraus sich schließen lässt, dass sie einen weiten Toleranzbereich haben. Jedoch werden humide terrestrische Habitate präferiert besiedelt (Christiansen et al. 2009), was das abundante Vorkommen im untersuchten Feld erklären könnte. Eine weitere aufgefundene Art, *Rhagio scolopaceus*, ist eine in Europa weit verbreitete Fliege, die in Wiesen und Gärten lebt. Im untersuchten Feld findet sie andere Insekten als ihre Nahrung und der feuchte Wiesenboden bietet den Larven einen ihren Präferenzen entsprechenden Lebensraum (Naturspektrum, o.J.). Das abundante Vorkommen der *Vespula germanica* passt zu dem ungestörten Habitat. Die natürliche Wiese ist Lebensraum für viele Insektenarten, die potenzielle Beute der *Vespula germanica* sind. Zudem ernährt sich diese Art zusätzlich von Blütennektar, der ebenso auf der natürlichen Wiese verfügbar ist (Nabu Landesverband Berlin, o.J.). Das Auftreten des *Leptinotarsa decemlineata* auf dieser Wiese hingegen erscheint verwunderlich, da diese Art primär Nachtschattengewächse wie Kartoffelkulturen bewohnt. Besonders das Vorkommen im gestörten Habitat entspricht nicht typischer Erwartungen. Dieses Habitat ist nicht mit vielen blättrigen Pflanzen ausgestattet, was weder eine präferierte Nahrungsquelle noch attraktive Brutplätze für diese Art verkörpert (Pflanzenkrankheiten, o.J.). Entgegen den Erwartungen ist zudem ein großes Aufkommen von *lasius brunneus* im ungestörten Habitat datiert worden. Die *lasius brunneus* ist baumbewohnend und lebt bevorzugt in Laubwäldern (Insektenbox, o.J.).


*4.3 Tierökologie: Diversitätsindices*

Die Ergebnisse der Diversitätsindices der Fangproben zeigen, dass die Probe des ungestörten Habitats diverser als die des gestörten ist. Vergleicht man die Alpha-Diversitätswerte, die Aussagen über die Artenvielfalt des jeweils gestörten und ungestörten Lebensraums zulassen, fällt auf, dass bei der ungestörten Barberprobe fast eine drei Mal so hohe Artenvielfalt als bei dem gestörten Habitat datiert wurde. Die ungestörten Kescherproben haben ebenfalls eine höhere Alpha-Diversität als bei den gestörten ergeben – wenn auch nicht ganz doppelt so hoch. Die Analysen der Beta-Diversität zeigen, dass das gestörte und ungestörte Habitat zu 70 % von anderen Arten belebt wird. Es kommen nicht viele gleiche Arten vor. Folglich stellt die Störung eines Habitats, in diesem Versuch verursacht durch das sehr regelmäßige Mähen, einen negativen Einfluss auf die Insekten-Diversität dieses Ökosystems dar. Dahingegen ermöglicht ein naturbelassenes Habitat eine hohe Insekten-Diversität. Eine Verringerung der Insekten-Diversität und das Auftreten von anderen Arten in dem gestörten Bereich können auf diverse Ursachen zurückzuführen sein: Regelmäßiges Mähen entfernt langwüchsige Reproduktionssysteme von Pflanzen, wie zum Beispiel blühende Stängel (Lerman et al., 2018). So fallen einige ökologische Nischen weg und

Insekten sind vermehrt gezwungen, dem gestörten Habitat auszuweichen. Ein regelmäßiges Mähen hat ebenso nachhaltig negative Folgen auf die Pflanzen-Diversität, da flachwüchsige und einjährige Pflanzen das Habitat dominieren und die Vegetation sehr homogen verbleibt (Forbes, Cooper, & Kendle, 1997). Ein solcher struktureller Wandel der Pflanzen-Diversität verursacht nach dem „bottom-up"-Effekt folglich einen Verlust in der Insekten-Diversität (Hunter & Price, 1992; Ghazoul, 2006). Dieses Ergebnis wird auch in diversen anderen Studien ähnlicher Untersuchungsgegenstände bestätigt: Die Metaanalyse zu „Ecological and economic benefits of low-intensity urban lawn management (Watson, C. J. et al. 2019) zeigt auf, dass mit erhöhter Mäh-Intensität ein signifikant negativer ökologischer Effekt einhergeht und belegt, dass eine reduzierte Mäh-Intensität die Invertebraten und Pflanzen-Diversität aufrechterhält. Wie vermutet ist die Abundanz der Arten durch die Störung negativ beeinflusst. Die Anzahl der Individuen sind in den meisten Fällen gesunken. Entgegen der aufgestellten Hypothese fällt auf, dass die Ordnung der Collembola einen dreifachen Zuwachs aufzeigen, also positiv auf die Störung reagieren und zur eudominanten Art des gestörten Habitats werden (Tabelle 1). Und auch die Anzahl der Art Stomoxys calcitrans verdoppelt sich fast und wird zur eudominanten Art des gestörten Habitats (Tabelle 2). Es ist also zu Schlussfolgern, dass in den gestörten Habitaten eine geringere Evenness ist und eher eine wenige Arten gegenüber den anderen stark minimierten dominiert. Es ist zu vermuten, dass diese dominanten Arten besser an Störverhältnisse adaptiert sind.


Die Versuche zur Boden- und Tierökologie haben verdeutlicht, dass ungestörte Parks, urbane Gärten/Felder und weitere Landschaften einen äußerst wichtigen Lebensraum für Insekten und andere Lebewesen darstellen. Sie sichern den Erhalt der Biodiversität sowie eines intaktes Ökosystems. Dieser Stellenwert sollte verstärkt in urbanisierten und wirtschaftlich genutzten Landschaften berücksichtigt werden. Zudem sollten möglichst extensive Naturraumnutzung implementiert und natürliche Habitate geschützt werden.

# 5 Literaturverzeichnis

Baldock, K. C. R., Goddard, M. A., Hicks, D. M., Kunin, W. E., Mitschunas, N., Osgathorpe, L. M., … Memmott, J. (2015). Where is the UK's pollinator biodiversity? The importance of urban areas for flower-visiting insects. Proceedings of the Royal Society B: Biological Sciences, 282, 20142849. https://doi.org/10.1201/b21180-10

Christiansen, K. A., Bellinger, P., & Janssens, F. (2009). Collembola. Encyclopedia of Insects, 206–210. doi:10.1016/b978-0-12-374144-8.00064-3

Deutsch, C. A., Tewksbury, J. J., Huey, R. B., Sheldon, K. S., Ghalambor, C. K., Haak, D. C., & Martin, P. R. (2008). Impacts of climate warming on terrestrial ectotherms across latitude. Proceedings of the National Academy of Sciences of the United States of America, 105, 6668–6672.

ELLENBERG, H., WEBER, H.E., D‹LL, R., WIRTH, V. WERNER, W., PAULIflEN, D. (1992) Zeigerwerte von Pflanzen in Mitteleuropa. Gˆttingen: Scripta Geobotanica 18, S. 258

Forbes, S., Cooper, D., & Kendle, A. D. (1997). The history and development of ecological landscape styles. In T. Kendle & S. Forbes (Eds.), Urban nature conservation-landscape management in the urban countryside (pp. 244–254). London, UK: Chapman & Hall.

Ghazoul, J. (2006). Floral diversity and the facilitation of pollination. Journal of Ecology, 94(2), 295–304. https://doi. org/10.1111/j.1365-2745.2006.01098.x

Greenslade, P. (2007). The potential of Collembola to act as indicators of landscape stress in Australia. Australian Journal of Experimental Agriculture, 47(4), 424. doi:10.1071/ea05264

Hortipendium. (o.J.). *Ph-Wertveränderung*. Abgerufen am 19.05.2021 von http://www.hortipendium.de/PH-Wertver%C3%A4nderung#:~:text=Stickstoff%20in%20Form%20von%20Nitrat,ist%20die%20Erstellung%20einer%20Pufferungskurve.

Hunter, M. D., & Price, P. W. (1992). Playing chutes and ladders: Heterogeneity and the relative roles of bottom-up and top-down forces in natural communities. Ecology, 73(3), 724–732. https://doi. org/10.1034/j.1600-0706.2001.930201.x

Insektenbox. (o.J.). *Braune Wegameise*. Abgerufen am 18.05.2021 von http://www.insektenbox.de/hautfl/brauwe.htm

Kotowski, W., Jabłońska, E., & Bartoszuk, H. (2013). Conservation management in fens: Do large tracked mowers impact functional plant diversity? Biological Conservation, 167, 292–297. doi:10.1016/j.biocon.2013.08.021

Lerman, S. B., Contosta, A. R., Milam, J., & Bang, C. (2018). To mow or to mow less: Lawn mowing frequency affects bee abundance and diversity in suburban yards. Biological Conservation, 221(2018), 160–174. https://doi.org/10.1016/j.biocon.2018.01.025

Nabu Landesverband Berlin. (o.J.). *Die Deutsche Wespe: unbeliebt, aber nützlich.* Abgerufen am 18.05.2021 von https://berlin.nabu.de/tiere-und-flanzen/insekten/arten/hautfluegler/wespen/29299.html

Natur erforschen. (o.J.). *Der Bodensäuregehalt im Rumbecker Holz.* Abgerufen am 19.05.2021 von https://www.natur-erforschen.net/unterrichtsprojekte/waldboden/bodensaeuregehalt.html

Naturspektrum. (o.J.). *Allgemeine Info: Gemeine Schnepfenfliege.* Abgerufen am 18.05.2021 von https://www.naturspektrum.de/db/m_spezies.php?art=rhagio_scolopaceus

Pflanzenkrankheiten. (o.J.). *Kartoffelkäfer.* Abgerufen am 18.05.2021 von https://www.pflanzenkrankheiten.ch/schaedlinge/ackerbau/leptinotarsa-decemlineata

Sánchez-Bayo, F., & Wyckhuys, K. A. G. (2019). Worldwide decline of the entomofauna: A review of its drivers. Biological Conservation, 232, 8–27

Smith, L. S., & Fellowes, M. D. E. (2015). The grass-free lawn: Floral performance and management implications. Urban Forestry and Urban Greening, 14(3), 490–499.

Watson, C. J., Carignan-Guillemette, L., Turcotte, C., Maire, V., & Proulx, R. (2019). Ecological and economic benefits of low-intensity urban lawn management. Journal of Applied Ecology. doi:10.1111/1365-2664.13542